升级版 6

这就是物理

MAGNETISM磁

米莱童书 著·绘

北京理工大学出版社
BEIJING INSTITUTE OF TECHNOLOGY PRESS

推荐序

每个孩子从出生起，就对世界充满了好奇，如果想要了解世界，物理学就不可或缺。物理学是我们认识世界的桥梁，它揭示了事物发生和发展的客观规律，更是许多科学的基础。但是物理的概念繁多，知识点之间的关联性很强，对于刚接触物理的孩子来说，有些复杂难懂。

如何将复杂的物理知识，生动有趣地展现给孩子，就显得十分重要了。《这就是物理·升级版》就是专为孩子们打造的物理学科启蒙图书，以趣味漫画的形式将严肃的科学原理与生活中的有趣现象联系起来。比如：声音是怎么产生的？冰箱、电视等电器的电是怎么来的？为什么洒在地上的水过一会儿就不见了？为什么下雨后会有彩虹？为什么汽车车轮胎有花纹是为了增加摩擦，而汽车车轮轴又要加润滑油以减小摩擦……

不仅如此，在这里，还有物质、能量、声、光、电、磁、力，这些物理概念化身成一个个活泼可爱的主人公，为我们一点点展现奇妙的物理世界。大到宇宙天体、小到基本粒子，从日常生活到前沿科技，这套书将严肃枯燥的理论，由浅入深、轻松有趣地表达出来，十分适合喜欢物理的孩子阅读。

希望这套物理启蒙漫画书能够让孩子们喜欢上物理，并帮助孩子们在知识的海洋中尽情遨游。

中国工程院院士、电子光学和光电子成像专家

周立伟

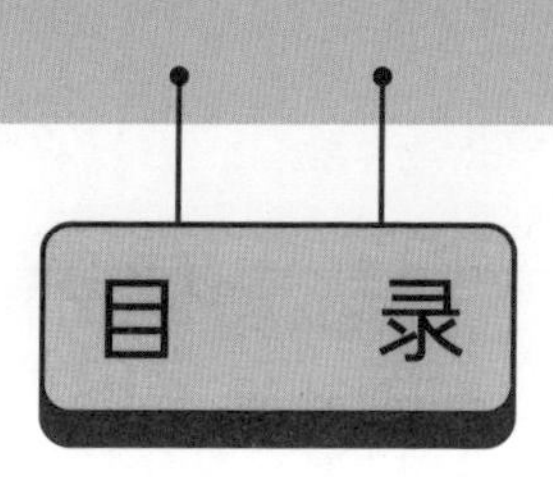
目　录

N
S
地磁线
S
N

磁在哪里？

啊，在这里！我被吸住了！

嗨，我是磁。我能够吸引磁性材料。现在我的脚下就有一片天然磁铁矿石。
N
S

磁铁可以吸引铁、镍、钴等其他金属。能够被磁铁吸引的材料叫作磁性材料。磁铁只有碰到磁性材料才能产生吸引力，这就是磁铁所具有的“磁力”。
N
S

在很早以前，人类就发现了天然的磁铁石。
N
S

在现代生活中，磁的身影更是遍布各处。
N
S

因为装有磁条，冰箱门和冰箱主体可以紧密相连，从而达到很好的制冷效果。
冰箱贴之所以能吸附在冰箱上，也是因为它装有磁铁。
N
S

有些包包上装有磁扣，打开和关闭都非常方便。
N
S
有些衣服也会使用磁扣，相比于其他扣子，它更加方便。
N
S

教室里也有磁！磁性黑板里面装有磁性物质，这样老师就可以用吸铁石（也是磁铁）将图片等教具贴在黑板上。
N
S

有些文具盒里也装有磁铁，开关很方便，而且关上后非常牢固，不易散开。
N
S

磁除了会被加在各种物品里，还会被制成磁铁，而磁铁有很多有趣的特点……
N
S

磁铁与磁场

摆放在我面前的，是一块条形磁铁。
N
S
让我在磁铁周围撒上一些铁屑……
铁屑在磁铁周围形成了一个有规律的图案！
这是一块蹄形磁铁，没错，磁铁有着不同的形状。

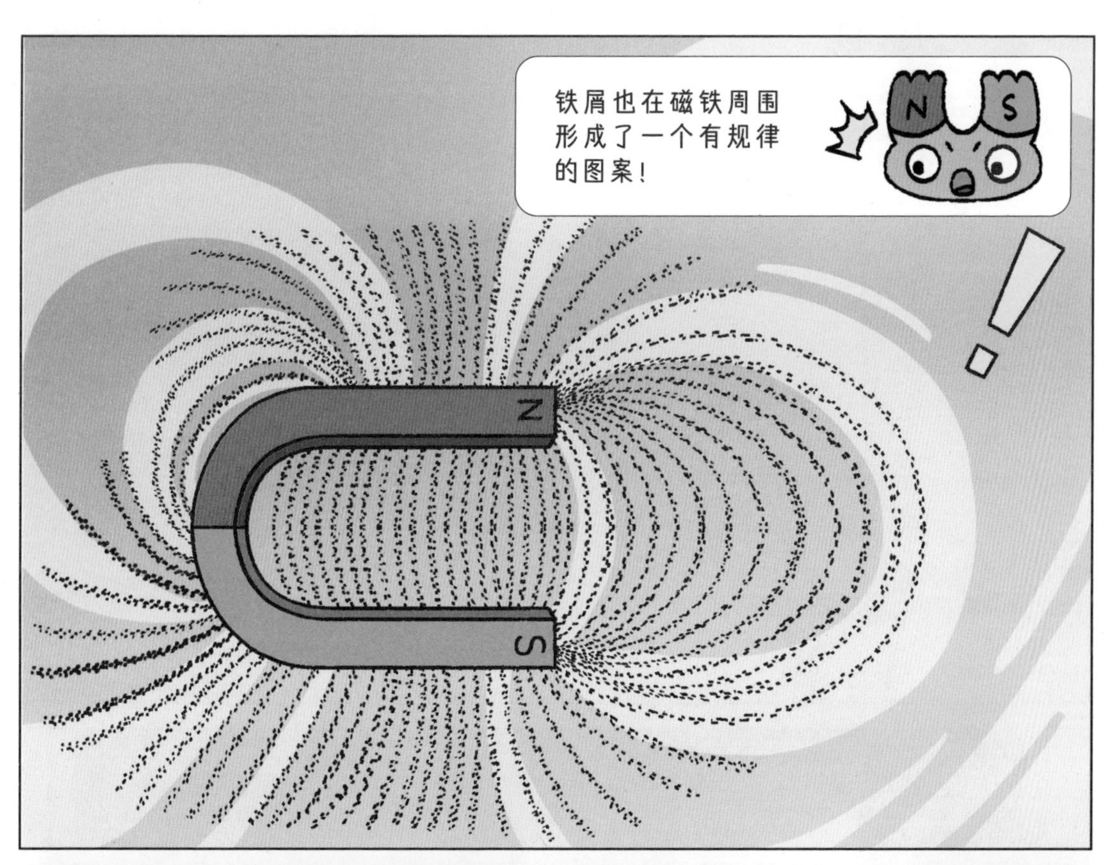
铁屑也在磁铁周围形成了一个有规律的图案！
N
S

铁屑之所以会在磁铁周围形成规律的排布，是因为磁铁可以产生磁场。

磁场虽然看不见摸不着，却是真实存在的。
我们可以用带箭头的曲线来描述磁场的方向和强弱，这些线叫作磁感线，是我们研究磁的工具，并不真实存在。
条形磁铁
蹄形磁铁

磁铁有两极

N
S
从吸引小铁钉的情况可以看出，条形磁铁在两端的磁性最强，这两端就是磁铁的两个磁极。
N
S
N
S
北极
南极
磁铁的一极叫北极（N），另一极叫南极（S）。

N
S
跟电荷间存在相互作用一样，磁极间也存在相互作用，同名磁极相互排斥，异名磁极相互吸引，也就是同性相斥，异性相吸的规律。
N
S
N
S

磁性相同的两极很难……
非常难相互靠近。
N
S
N
S
S
N
磁性不同的两极
根不得要粘在一
起，不再分开。
N
S
N
S
S

当北极和南极靠近，两块一样的
磁铁合二为一后，这两块磁铁就
变成了一个更大的磁铁，磁铁的
吸引力也变得更大。

地球是个大磁体

说到北极和南极，你可能会想到地球的北极和南极……
我手里这个小磁针，静止时指北的磁极叫作北极，指向地球的北极，指南的磁极叫作南极，指向地球的南极。
小磁针
北
N
S
人们在户外用来指示方向的指南针，其实就是一个小磁针。那么，为什么小磁针可以指示南北方向呢？

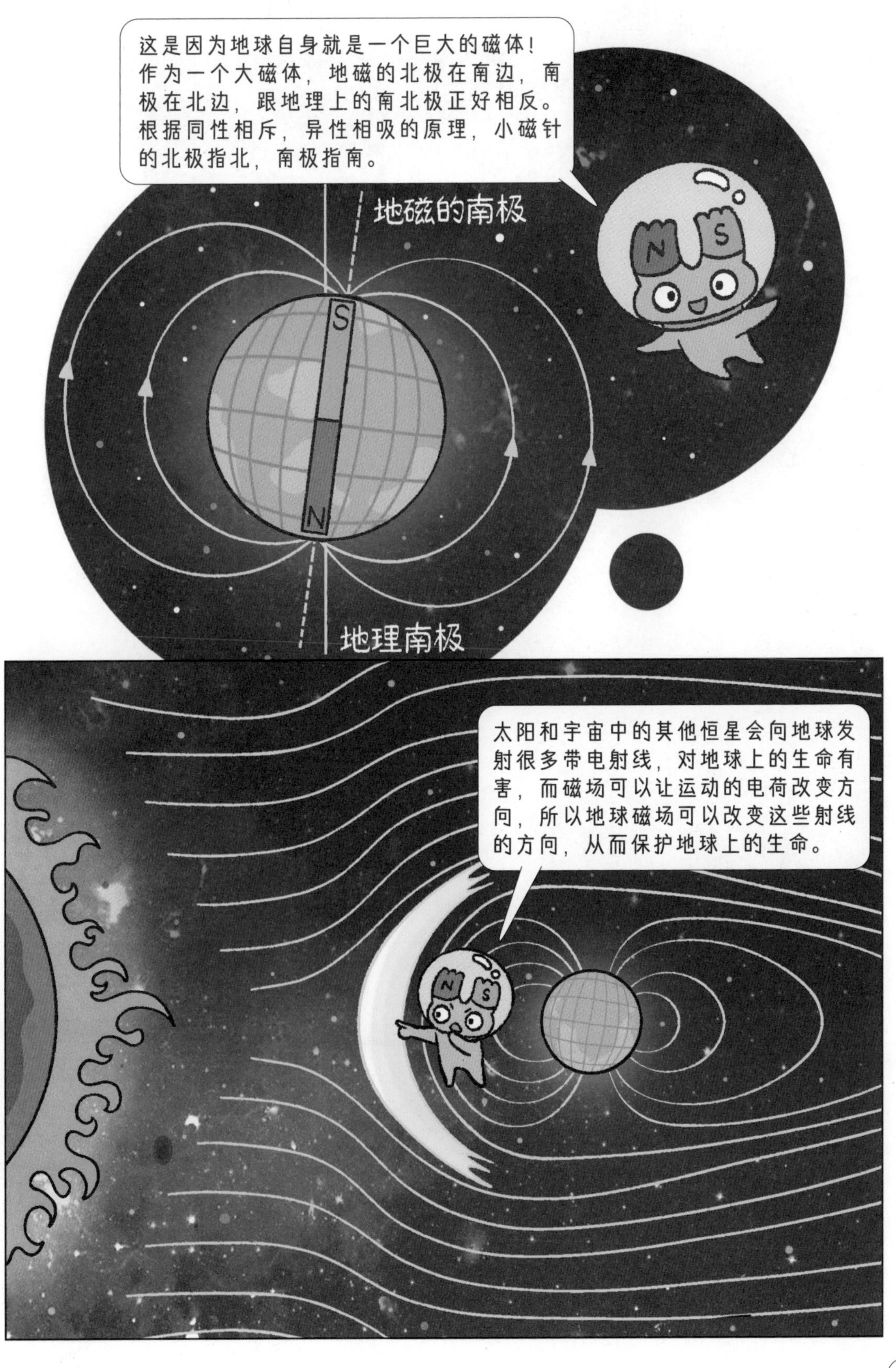
这是因为地球自身就是一个巨大的磁体！作为一个大磁体，地磁的北极在南边，南极在北边，跟地理上的南北极正好相反。根据同性相斥，异性相吸的原理，小磁针的北极指北，南极指南。
地磁的南极
S
N
地理南极
N
S
太阳和宇宙中的其他恒星会向地球发射很多带电射线，对地球上的生命有害，而磁场可以让运动的电荷改变方向，所以地球磁场可以改变这些射线的方向，从而保护地球上的生命。

地磁场对许多地球
生命的行动也具有
重要的意义。
信鸽具有卓越的飞行本领，可以从
2000 千米以外的地方飞回家里，
而当出现磁场干扰，比如发生强烈
磁暴或者飞到无线电发射台附近的
时候，鸽子就会失去定向的能力。
没错，我是靠地
磁场导航的。
海龟也是利用地磁场来导航的。
比如，每年春季产卵时，绿海
龟会从巴西沿海向南大西洋的
阿森松岛游去，待夏初产卵后
再返回。
只要有地磁场，
我就可以准确地
游到目的地。

磁场是如何产生的？

人们提起磁的时候，往往会将它跟金属铁结合起来，组成“磁铁”一词。为什么是磁铁，而不是磁银、磁铝呢？
打铁铺
铁
银
铝
这跟金属铁的内部结构有关。金属铁的内部可以形成微小的磁性区域——磁畴，每个磁畴里都包含大量铁原子。磁畴就像一个个小的条形磁铁。
在普通铁块中，这些磁畴的排列是没有规则的，它们产生的磁场会相互抵消，所以这个铁块并不是磁铁。

在外加磁场力的作用下，这些磁畴的排列会变得有规则，它们磁场的方向逐渐一致，让整个铁块产生磁场，这就是“磁化”的过程。
N
S
通过摩擦获得的磁性是暂时的，过段时间，由于内部的排列再次被打乱，铁块也就不再具有磁性了。
除了非永磁铁，自然界中还存在天然的永磁铁，如最早的指南针——司南就是用天然磁石制成的。
通过反复试验，人们发明了人造磁铁。例如，北宋时制造的指南鱼就是一种指南工具，将它放入一碗水中，鱼头的部分会始终指向南方。

北宋的《武经总要》里提到了指南鱼的制造方法：将鱼形铁片放在炭火中烧红取出，放入水中冷却，冷却时要将鱼沿着特定的方向放置。

现代物理学告诉我们，这种方法叫作地磁法，其原理是利用地球本身的磁场来进行磁化的，铁片突然冷却，可以让内部排列整齐的磁畴固定下来。
地磁线

在现代工业中，人们则会用充磁机让金属永久磁化。

电可以生磁

电跟磁，有什么关系吗？
我们的关系可是相当密切的……
只需要一块电池，一根导线。
“魔法”就会出现！
N
S
我们将一枚转动灵活的小磁针放到桌面上，在它上方平行放一条直导线，让导线与电池接触一下……
哇，小磁针转动了！
注：导线直接连接电池会造成短路，这里只让导线与电池接触一下就拿开。

当导线通电时，磁针会发生偏转，而切断电流后，磁针又回到原位，这说明通电导线和磁体一样，周围存在磁场，这就是电流的磁场。
N
S

不过，单根导线产生的磁场非常弱。为了让磁场变强，我们可以将导线缠绕起来，这样，一圈圈导线产生的磁场便可以叠加在一起。
由线圈和铁芯组成的装置叫作电磁铁，电磁铁在通电时有磁性，在断电后会失去磁性。
这个电磁铁的磁场跟条形磁铁的磁场很相似。
N
S

电磁铁的应用

电磁铁的磁性强弱受电流大小和线圈匝数的影响。电流越大，线圈匝数越多，电磁铁的磁性也就越强。
N
S

电磁铁可以产生很强的电磁场，而电磁铁又可以通过电流大小来调节磁场的强弱。
根据电磁铁的特点，人们发明了很多有用的工具。
N
S

冰箱中有电磁铁，可以调节冰箱内的温度。
冷藏室
-18℃
变温室
-25℃
冷冻室
N
S

洗衣机中的电磁铁，可以控制水的加入和排出。
弹性支座
线圈
磁铁
音箱也是因为有电磁铁，才产生了不同频率、不同大小的声音。

这里有一条列车线，车要开过来了。

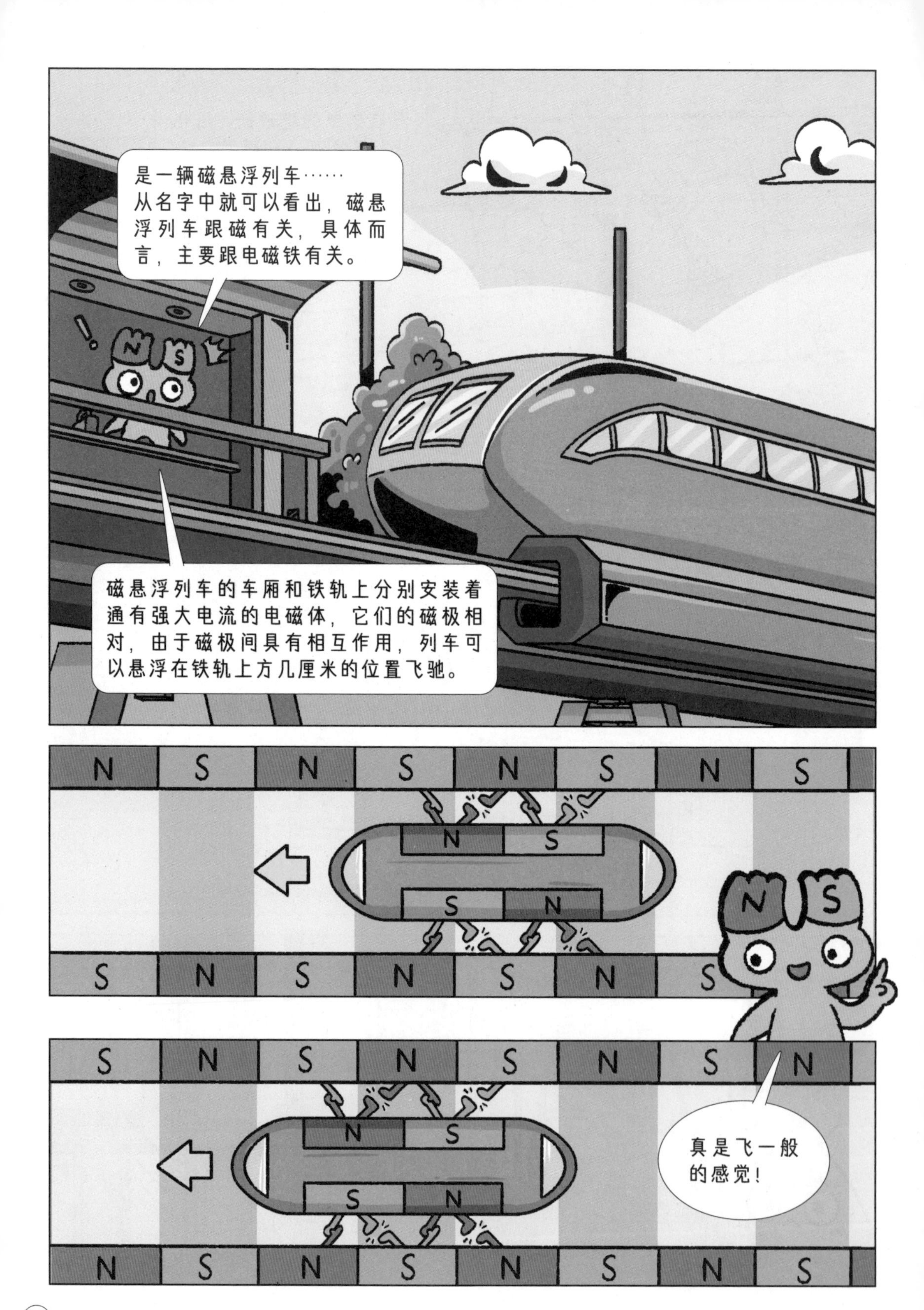
是一辆磁悬浮列车……
从名字中就可以看出，磁悬浮列车跟磁有关，具体而言，主要跟电磁铁有关。
磁悬浮列车的车厢和铁轨上分别安装着通有强大电流的电磁体，它们的磁极相对，由于磁极间具有相互作用，列车可以悬浮在铁轨上方几厘米的位置飞驰。
N S N S N S N S
N S
S N
S N S N S N S
S N S N S N S N
N S
S N
N S N S N S N S
真是飞一般的感觉！

转起来的电动机

通电线圈做好了，现在我需要一块磁铁。
N
S
你知道把通电线圈放到磁场中后，会发生什么吗？
N
S
N
S
?
磁体在磁场中会受到力的作用，通电导线周围有磁场，也可以视为一个磁体，所以通电线圈也会受到磁场的作用力，可以转动一定的角度！
N
S
N
S
N
S
通电线圈可以在磁场中转动，这个发现有什么用处呢？
?

整流器
磁场结构
碳刷
电枢（线圈）
根据这个原理，人们发明了大有用处的电动机！
线圈在磁场中受力，再加上换向器等部件的帮助，通电后就可以不停地转动了。
在电动机出现之前，人们做很多事情只能依靠动物或者自己的劳动，比如用马来拉车。
用手摇动扇子来产生凉风。

日常生活中，电扇、冰箱、洗衣机，包括各种电动玩具，都离不开电动机。
呼呼
嗡
出门玩耍时，我们乘坐的电梯需要电动机的牵引才能实现升降。

电动车之所以能够一直转动，载着你向前，也是电动机的功劳。
此外，水泵、机床等工业中常用的机械设备，也都需要电动机带动。可以毫不夸张地说，电动机的应用已经遍布现代生活的各个方面了。

磁可以生电

希望工厂
说到这里，你应该已经明白磁的重要性了，但我要告诉你的是，磁的威力还不止如此！
现在，我手里有一个小灯泡和一根导线，但没有电池，因此即使线路连通了，小灯泡也不会亮。
真是徒劳……
但有了磁铁之后，情况就不同了……

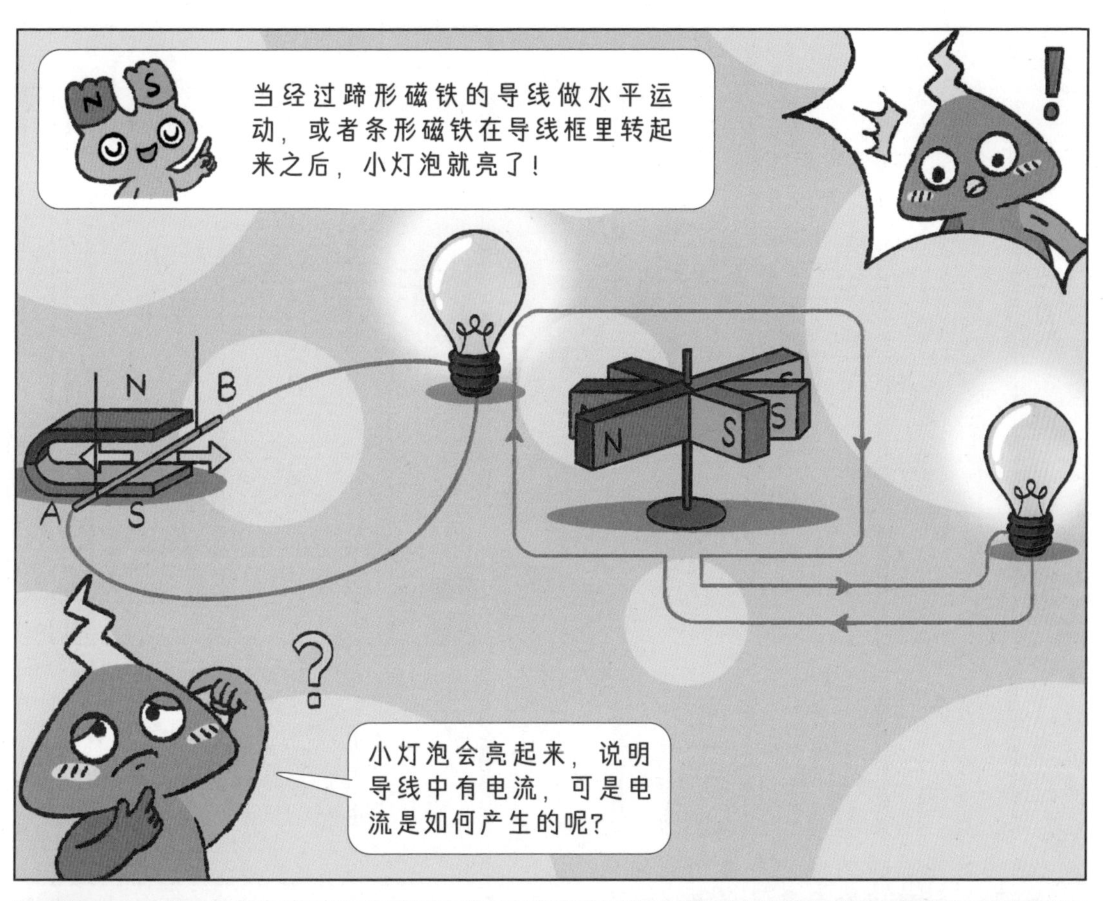
当经过蹄形磁铁的导线做水平运动，或者条形磁铁在导线框里转起来之后，小灯泡就亮了！
N
B
A
S
N
S
S
小灯泡会亮起来，说明导线中有电流，可是电流是如何产生的呢？

在刚才的两种情况下，导线和磁铁的合作都实现了同一个结果——就是闭合电路中的一部分导体切割了磁场中的磁感线。
N
S
N
S
N
S
S

我们可以把磁感线想象成一根根实在的线，把导线想象成一把刀，让刀去切割线。
N
S

当闭合电路中的部分导体切割磁感线时，导体中就产生了电流，这个现象叫作电磁感应，由此而产生的电流叫作感应电流。
N
S
感应电流

电流能够产生磁场，也就是电生磁。
磁场能够产生电流，也就是磁生电。咱们两个的关系就是这么紧密！
N
S

能发电的机器

发现电能生磁后，人们发明了很多机器设备。发现磁能生电后，有什么应用吗？
当然。接下来就为大家介绍大名鼎鼎的——发电机！
N
S
这是一个发电机模型，它随着线圈在磁场中不停转动，电流就可以源源不断地产生出来。
S
N
真实的发电机比模型复杂很多，一般采取线圈不动，磁极旋转的方式。大型发电机发出的电，电压很高，电流很强。
磁极
线圈
磁极
N
S

电能不是天然能源，必须由其他能源转换生成，大规模的电能一般在发电厂或电站的发电机中生成。
现在我们所在的是一个火力发电厂，火力发电最终将燃料中的化学能转化为电能。
好大的水流！
这是水力发电设备！高处水的势能在下降过程中转化为动能，最终转化为电能。

风车在转动，它将风能转化为动能，最终转化为电能。

这里是用核能发电的核电站，将强大的核能转化为电能！
这其中都有磁的参与！

电与磁的奇妙联动

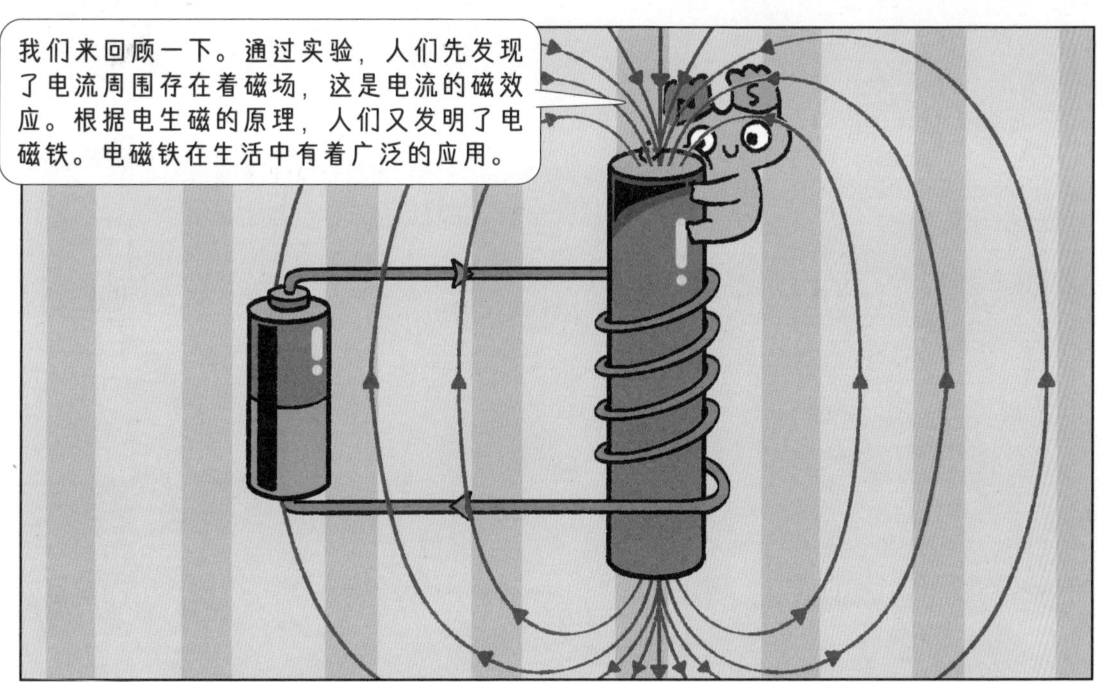
我们来回顾一下。通过实验，人们先发现了电流周围存在着磁场，这是电流的磁效应。根据电生磁的原理，人们又发明了电磁铁。电磁铁在生活中有着广泛的应用。
S

N
S
N
S
N
S
N
S
为什么电流能够产生磁场，磁场也能够产生电流呢？
不久以后，人们又发现了利用磁场来产生电流的条件和规律，这就是电磁感应现象。
根据磁生电的原理，人们发明了发电机，这样便可以享受电能带来的便利了。

19 世纪英国物理学家麦克斯韦经过一系列研究思考，想明白了电与磁的关系，建立了完整的电磁场理论，这是一个很伟大的成就。
N
S

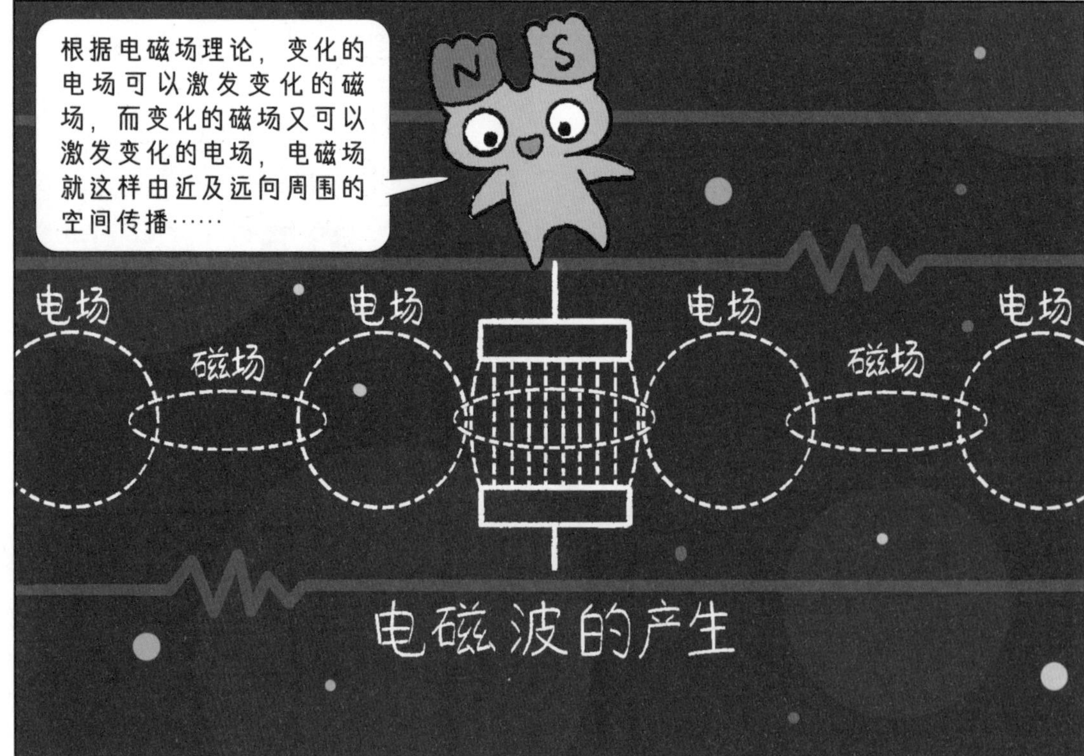

根据电磁场理论，变化的电场可以激发变化的磁场，而变化的磁场又可以激发变化的电场，电磁场就这样由近及远向周围的空间传播……
N
S
电场
磁场
电场
电场
磁场
电场
电磁波的产生

电磁场就像水波一样不断向周围传递，形成了电磁波。跟水波、声波等波类似，电磁波也有波峰、波谷、波长和频率。

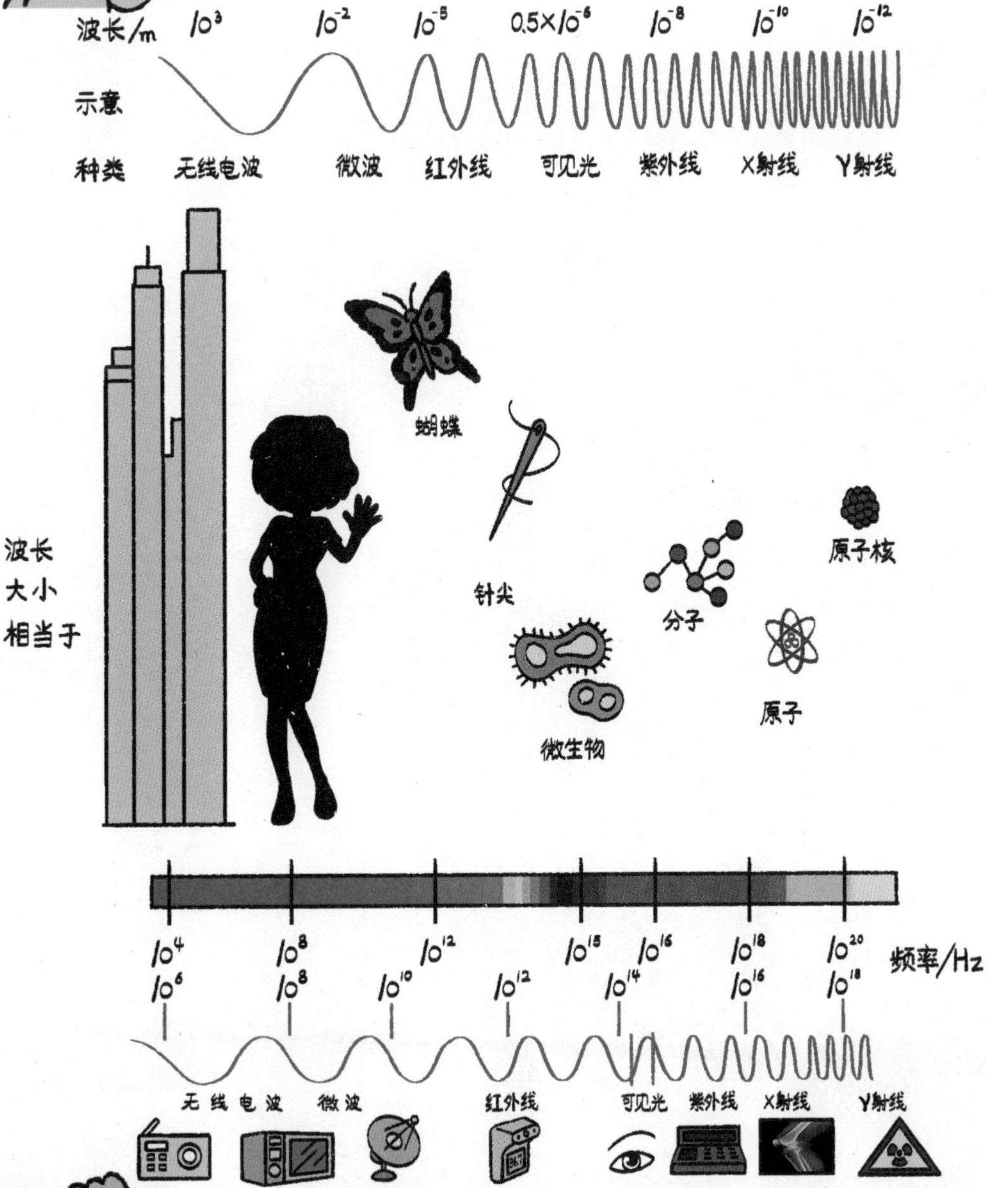

电磁波是个大家族，其中成员的波长可以很长很长，也可以很短很短，根据波长和频率的差异，人们给电磁波成员们起了不同的名字。

它们有着各自的特点和应用，比如微波可以用来加热食物，可见光给世界带来光明，X射线可以用来检查身体。

信息快递员——电磁波

在电磁波的众多应用中，对人类生活影响最大的非电磁波通信莫属。
通过“调制”，电磁波可以把文字、声音、图形等各种信息加入其中，并将它们传送到很远的地方。
用户通过收音机、电视机等装置“解调”，把信息还原，就可以收听到优美的音乐，看到精彩的电视节目了。
在用收音机或者音响收听节目时，我们需要转动按钮来“换台”，这就是在接收不同频率的电磁波信号。
N
S

N
S
人们每天使用的手机也是通过电磁波来传递信息的。为了实现稳定、高效的通信，人们还建立了很多通信基站，你在外出时可能就看到过。
除了在地面搭建信息网络，人们还建立了卫星通信系统。卫星通信利用卫星作为信息的中转站进行通信。
卫星通信具有通信范围大、可靠性高、不受地理条件影响等优势，已经被广泛应用在国防、应急通信、海洋渔业、新闻媒体等众多领域。
电磁波真是优秀的信息快递员！

原来磁有这么重要
我的故事从远古时期的人类发现了天然磁铁石开始……
在很长的时间里，人们只能从表面上认识和利用我，比如知道磁石能够指示固定的方向，并据此发明了司南。

后来，随着人们对我和我的好朋友电的研究的深入，我与人类的关系变得越来越密切，各种相应的机器设备也渐渐被发明了出来。
N
S
现在，只要打开电视，或者拿起手机，你周围的空间里就有电磁波在忙碌地传输着各种信息。我在用这样的方式陪伴着你。
N
S
而人们对我的研究并没有结束，甚至只是一个开始。今后，对于强磁场的研究、新磁性物态材料的探索，以及新型磁性功能器件的研制等，还会给科学和人们的生活带来更大的改变！
N
S
所以，等你长大了，愿意加入其中，更加深入地了解我吗？

角色卡

·姓名 磁

·年龄 与地球的年龄接近

地球内部的磁场会让普通的铁矿磁化，这是天然磁石的来源。

·装备 小磁针

·普通技能 寻找地球上的天然磁铁

·特殊技能 利用地球的磁极为旅行者指引方向

·天赋 吸引各种磁性材料

磁铁不止能够吸引铁制品，还能吸引钴、镍等具有自发磁化性质的金属。这些金属在磁铁的感召下，内部也能够形成一个个小磁畴，这样就短暂地获得了磁性。

·武学 千里传音

人们利用电磁波来传递信息，地球这端的小朋友也可以给地球另一端的小朋友打电话。

·关联物品 线圈、电动机、发电机

·行动范围 具有磁场的星球

创作团队

米莱童书 点亮孩子的未来

米莱童书

米莱童书是由国内多位资深童书编辑、插画家组成的原创童书研发平台。旗下作品曾获得2019年度"中国好书"，2019、2020年度"桂冠童书"等荣誉；创作内容多次入选"原动力"中国原创动漫出版扶持计划。作为中国新闻出版业科技与标准重点实验室（跨领域综合方向）授牌的中国青少年科普内容研发与推广基地，米莱童书一贯致力于对传统童书进行内容与形式的升级迭代，开发一流原创童书作品，适应当代中国家庭更高的阅读与学习需求。

策 划 人： 刘润东　魏　诺

统筹编辑： 秦晓英

原创编辑： 窦文菲　秦晓英　张婉月

漫画绘制： Studio Yufo

专业审稿： 北京市赵登禹学校物理教师 张雪娣

装帧设计： 刘雅宁　张立佳　辛　洋　刘浩男　马司雯　朱梦笔

图书在版编目（CIP）数据

这就是物理：升级版：全10册 / 米莱童书著、绘
. -- 北京：北京理工大学出版社, 2023.6（2024.12重印）
ISBN 978-7-5763-2374-0

Ⅰ. ①这… Ⅱ. ①米… Ⅲ. ①物理学－青少年读物
Ⅳ. ①O4-49

中国国家版本馆CIP数据核字(2023)第082201号

出版发行 / 北京理工大学出版社有限责任公司
社　　址 / 北京市丰台区四合庄路 6 号
邮　　编 / 100070
电　　话 /（010）82563891（童书售后服务热线）
经　　销 / 全国各地新华书店
印　　刷 / 朗翔印刷（天津）有限公司
开　　本 / 710毫米 × 1000毫米　1 / 16
印　　张 / 25
字　　数 / 600千字
版　　次 / 2023年6月第1版　2024年12月第12次印刷
定　　价 / 200.00元（全10册）

责任编辑 / 封　雪
文案编辑 / 封　雪
责任校对 / 刘亚男
责任印制 / 王美丽

图书出现印装质量问题，请拨打售后服务热线，本社负责调换